Sumit Kumar Pandey

Controle Robusto do Sistema MIMO

Sumit Kumar Pandey

Controle Robusto do Sistema MIMO

controle do MIMO

ScienciaScripts

Imprint

Any brand names and product names mentioned in this book are subject to trademark, brand or patent protection and are trademarks or registered trademarks of their respective holders. The use of brand names, product names, common names, trade names, product descriptions etc. even without a particular marking in this work is in no way to be construed to mean that such names may be regarded as unrestricted in respect of trademark and brand protection legislation and could thus be used by anyone.

Cover image: www.ingimage.com

Este livro é uma tradução do original publicado sob ISBN 978-620-3-19328-2.

Publisher:
Sciencia Scripts
is a trademark of
International Book Market Service Ltd., member of OmniScriptum Publishing Group
17 Meldrum Street, Beau Bassin 71504, Mauritius
Printed at: see last page
ISBN: 978-620-3-52392-8

Conteúdos

Lista de Abreviaturas

MIMO	Multi-input Multi - saída
PID	Proporcional Integral & Derivado
TRMS	Sistema MIMO de Rotor Gémeo
MOGM	Margem de ganho de produção multicanais
MODM	Margem de atraso de saída multicanal
DOF	Grau de Liberdade
UAV	Veículo aéreo não tripulado
D.C.	Corrente Directa
I.P.	Proporcional Integral

CAPÍTULO 1

INTRODUÇÃO

Um sistema de controlo é um mecanismo que torna as variáveis físicas de um sistema, conhecido como planta, de uma forma prescrita, apesar da presença de incertezas e perturbações externas. A instalação ou sistema a ser controlado é um sistema dinâmico, como um avião, processo químico, máquina ferramenta, motor eléctrico ou robot. O principal objectivo do desenho do controlador é a saída de uma instalação segue a entrada de referência o mais de perto possível, apesar da presença de perturbações.

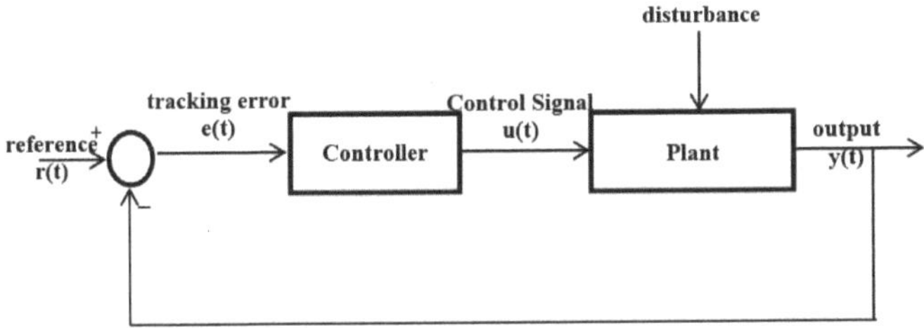

Fig.1.1 - Estrutura de controlo robusta das instalações

A teoria do controlo "Robusto" tem crescido notavelmente nos últimos dez anos. A sua popularidade está agora a espalhar-se pelo ambiente industrial onde é uma ferramenta inestimável para a análise e concepção de sistemas servo. Esta rápida penetração deve-se às suas grandes vantagens de aplicar a natureza e à sua relevância para os problemas práticos do engenheiro de automação.

Para apreciar a originalidade e o interesse de ferramentas de controlo robustas, o controlo tem basicamente duas funções essenciais: (i) moldar a resposta do sistema servo para lhe dar o comportamento desejado, (ii) manter este comportamento a partir das flutuações que afectam o sistema durante o funcionamento (rajadas de vento para aviões, desgaste para um sistema mecânico, e mudança de configuração para um robot). Este segundo requisito é denominado "robustez à incerteza". É fundamental para a fiabilidade do sistema servo. De facto, o controlo é tipicamente concebido a partir de um modelo idealizado e simplificado do sistema real. Para funcionar correctamente, deve ser robusto às imperfeições do modelo, ou seja, as discrepâncias entre o modelo e o sistema real, os excessos de parâmetros físicos e os distúrbios externos.

Métodos de controlo robustos procuram limitar a incerteza em vez de a expressar sob a forma de uma distribuição. Dada a incerteza, o controlo pode produzir resultados que satisfaçam os requisitos do sistema de controlo em todos os casos. Por conseguinte, a teoria do controlo robusto pode ser afirmada como um método de análise do pior caso, em vez de um método de caso típico. Deve reconhecer-se que algum desempenho pode ser sacrificado a fim de garantir que o sistema cumpre certos requisitos. No entanto, este parece ser um tema comum quando se lida com sistemas incorporados críticos para a segurança.

A principal vantagem das técnicas de controlo robustas é gerar leis de controlo que satisfaçam os dois requisitos acima mencionados. Mais especificamente, dada uma especificação do comportamento desejado e estimativas de frequência da magnitude da incerteza, a teoria avalia a viabilidade, produz uma lei de controlo adequada, e fornece uma garantia sobre o alcance da validade desta lei de controlo (força). Esta abordagem combinada é sistemática e muito geral. Em particular, é directamente aplicável aos sistemas de Saída Múltipla de Entrada Múltipla.

CAPÍTULO 2

REVISÃO BIBLIOGRÁFICA

Em [1] os autores apresentam uma nova abordagem de concepção automática do controlador óptimo robusto para as plantas de intervalo baseado no Teorema de Kharitonov. Em [2] os autores descrevem a concepção robusta de controlo PID para o sistema incerto baseado no Teorema de Kharitonov. Neste, o autor mostra como é diferente dos métodos tradicionais de concepção. Em [3] é mostrado como a margem de ganho e a margem de fase podem ser determinadas analiticamente utilizando o Teorema de Kharitonov. Em [4] um controlador PID robusto foi concebido para controlar a posição de um verdadeiro actuador electromecânico.

Em [5] o autor descreve o controlo robusto de planta incerta estruturada utilizando o Teorema de Kharitonov. Estes resultados mostram que a importância do resultado quando o parâmetro incerto de planta incerta é grande. Em [6] o autor propõe um novo método de concepção para o controlo da velocidade e da corrente de um motor de indução com variação de parâmetros do sistema utilizando a teoria da estabilidade robusta de Kharitonov. Aqui é utilizado um sistema de accionamento do motor de indução baseado em DSP de alto desempenho.

Em [7] é utilizada uma metodologia baseada na robustez para conceber um controlador para um veículo automatizado. Um controlador robusto baseado em Kharitonov é utilizado para projectar um controlador fixo. Em [8] um controlador robusto de PI (integral proporcional) é concebido para controlar a velocidade do motor de indução com base na técnica de controlo vectorial. Aqui, o teorema de Kharitonov é utilizado para seleccionar a região de estabilidade robusta de K_p&K_i.

A concepção do controlador torna-se mais difícil porque a presença de um forte efeito de acoplamento entre os rotores principal e de cauda [9-10]. O sistema de rotor duplo multi input multi output (TRMS) é uma configuração experimental que se assemelha ao modelo de helicóptero. O TRMS consiste em dois rotores em cada extremidade do feixe horizontal conhecido como rotor principal e rotor de cauda que é accionado por um motor CC e é contrabalançado por um feixe pivotado. O TRMS pode rodar tanto na direcção horizontal como na vertical. Assim, é um exemplo de dois graus de liberdade (DOF). O rotor principal gera uma força de elevação devido a isto o TRMS move-se no sentido ascendente em torno do eixo do passo. Enquanto que, devido ao movimento do rotor de cauda, roda em torno do eixo de guinada [11].

Contudo, o TRMS assemelha-se ao helicóptero, mas existem algumas diferenças significativas entre o helicóptero e o TRMS. No helicóptero, ao alterar o ângulo de controlo de ataque foi feito, enquanto que no TRMS foi feito ao alterar a velocidade dos rotores. Nos últimos tempos tem sido estudado frequentemente o desenvolvimento de várias abordagens para controlar o voo de veículos aéreos, tais como helicóptero e veículo aéreo não tripulado (UAV). A modelação da dinâmica do veículo aéreo é uma tarefa altamente desafiante devido à complicada dinâmica não linear entre as várias variáveis e também há certos estados que não são acessíveis para a medição. Este tipo de sistema mostra a sua importância em várias aplicações militares e civis, tais como vigilância, detecção de incêndios em florestas, inspecção de oleodutos, detecção de falhas em linhas de alta tensão, e para operações de salvamento no mar. Nos últimos anos, os veículos aéreos não tripulados (UAV) têm atraído importantes interesses de investigação[12-13].

Em [14] a técnica robusta de controlo de deadbeat é aplicada para controlar o sistema multi-input-multi-output de rotor duplo. Aqui o desempenho robusto do controlador é especificado considerando o efeito de acoplamento como uma perturbação ao TRMS. Este método de concepção é implementado em simulações. Em [15], o TRMS altamente não linear foi linearizado em torno de algum ponto de operação. O sistema de rotor duplo multi-input-multi-output é desacoplado em dois subsistemas SISO de entrada única e dois graus de liberdade O controlador SISO é concebido para desacoplar o subsistema para assegurar a robustez do sistema. Em [16] os autores descrevem para afinar automaticamente os ganhos do controlador PID para controlo TRMS por meio da técnica de optimização de enxame de partículas. Aqui os autores mostram que o controlador PID é capaz de seguir diferentes trajectórias de referência de forma satisfatória. Em [17] os autores descrevem uma modelação dinâmica de um grau de liberdade do sistema MIMO de rotor duplo. Neste autor também investigaram a concepção de um controlo óptimo que estabiliza o TRMS e resulta numa boa capacidade de rastreio de comando pelo meio aerodinâmico utilizando o rotor principal. Aqui é utilizado um pré-filtro de comando para reduzir o esforço de controlo dentro do intervalo especificado.

Em [18] um controlador de feedback de estado óptimo baseado na técnica do regulador quadrático linear (LQR) foi concebido para um sistema de rotor duplo com múltiplas entradas e saídas. A adequação do controlador proposto foi demonstrada tanto em termos de resposta transitória como de resposta em estado estável. Um controlador preditivo de modelo robusto e óptimo (MPC) foi concebido para controlar o sistema MIMO de rotor gémeo [19]. Um controlador PID integral proporcional derivado com um coeficiente de filtro derivado é concebido para controlar um sistema MIMO de rotor gémeo. O uso adequado do coeficiente de filtragem mostra um aumento significativo no desempenho de rejeição de perturbações de carga [20]. Em [21] um controlador PID descentralizado foi concebido para o sistema de manipuladores de robôs n-link baseados no teorema de Kharitonov. A gama de parâmetros do controlador PID é obtida utilizando o teorema de Kharitonov e equações de limite de estabilidade.

Em [22] os autores descrevem a concepção de um controlador PID robusto para um verdadeiro Actuador Electromecânico. Nisto, os actuadores electromecânicos são modelados como um sistema linear e o controlador PID é concebido com base no teorema de Kharitonov. Em [23] o robusto desenho do controlador PID foi feito para as instalações de intervalo. Este trabalho tem sido baseado no teorema de Kharitonov juntamente com H∞ técnica e abordagem de algoritmo genético. Em [24] os autores descrevem como o teorema de Kharitonov é aplicado a find as regiões de robustez às variações de parâmetros para os sistemas de controlo com controladores different com base no tamanho das regiões de robustez. O autor também descreve que as condições necessárias para a estabilidade dos polinómios de Kharitonov podem ser verificadas simplesmente através da inspecção de poucos coeficientes de limite superior e inferior [25].

CAPÍTULO 3

MOTIVAÇÃO E OBJECTIVO

O controlo robusto trata da análise do sistema e da concepção do controlo para modelos de processo tão imperfeitamente conhecidos. Um dos principais objectivos do controlo robusto é manter a estabilidade global e o desempenho do sistema, apesar das incertezas presentes na fábrica. Um controlador concebido para um modelo nominal de planta geralmente funciona bem para esse modelo, mas pode falhar mesmo para um modelo de planta "próxima". Significa que o aumento da robustez irá geralmente tornar o controlador "menos exacto", e diminuirá assim o desempenho do sistema. Os métodos de controlo robustos permitem especificar a incerteza ou outras perturbações directamente ligadas à fábrica, apesar do desempenho global do sistema ser estável.

O principal objectivo deste livro é conceber um controlador robusto para o sistema MIMO que possa proporcionar o desempenho desejável na presença de perturbações externas ruídos e efeitos de acoplamento que estejam associados à instalação.

O outro grande objectivo é o controlo descentralizado ou desacoplamento do sistema MIMO, Não se limita apenas ao sistema MIMO convencional, mas pode incluir também sistemas dinâmicos complexos.

CAPÍTULO 4

METODOLOGIA ADOPTADA

4.1 TEOREMA DE KHARITONOV

Em 1978 V.L. Kharitonov [25] publicou um teorema de estabilidade para classes de polinómio definidas pela escolha independente de cada elemento numa classe de região especificada. Este teorema mostra o resultado significativo de que todas as classes de polinómios são estáveis em Hurwitz se apenas quatro polinómios bem definidos forem estáveis. Estes polinómios são também conhecidos como os polinómios de intervalo. Para aplicar o teorema de Kharitonov é importante compreender o conceito do teorema de Kharitonov.

O critério de estabilidade de Routh Hurwitz pode ser aplicado a qualquer sistema linear quando os parâmetros do sistema são constantes. Mas quando os parâmetros do sistema não são certos, é difícil aplicar o critério de estabilidade de Routh Hurwitz. Contudo, foi ainda desenvolvido um critério de eficiência computacional para determinar a estabilidade, especialmente para sistemas de ordem superior, usando o corolário do critério de estabilidade de Routh e o teorema de Kharitonov.

Um conjunto de polinómio é estável se e só se cada elemento do conjunto for um polinómio de Hurwitz. Consideremos o conjunto p(s) de polinómios reais de grau n da forma como

$$\delta\,(s) = \delta_0 + \delta_1 s + \delta_2 s^2 + \delta_3 s^3 + \delta_4 s^4 + \ldots\ldots\ldots + \delta_n s^n \qquad \ldots\ldots\ldots(4.1.1)$$

Aqui o coeficiente encontra-se dentro de um intervalo definido como,

$$\delta_0 \in [x_0, y_0], \delta_1 \in [x_1, y_1] \ldots\ldots\ldots \delta_n \in [x_n, y_n]$$

Aqui, $\underline{\delta}: = [\delta_0\,,\,\delta_1,\,\ldots\,,\ldots\ldots\ldots\delta_n$A [...] e identificou um polinómio $\delta\,(s)$ com o seu vector de coeficiente $\underline{\delta}$. A caixa de coeficiente é representada como rectângulo mostrado na fig.2.

$$\triangle \qquad = \{\underline{\delta}:\underline{\delta}: \in IR^{n+1}, x_i \leq \delta_i \leq y_i, \; i=0,1,2\ldots\ldots n\} \; \ldots\ldots(4.1.2)$$

Pelo teorema de Kharitonov cada polinómio do conjunto p(s) é Hurwitz se e só se os quatro seguintes polinómio extremos forem Hurwitz.

$$K_1(s)= x_0+ x_1s +y_2s^2+y_3s^3+x_4s^4+x_5s^5+y_6s^6+\ldots\ldots ,$$

$$K_2(s)= x_0+ y_1s +y_2s^2+x_3s^3+x_4s^4+y_5s^5+y_6s^6+\ldots\ldots ,$$

$$K_3(s)= y_0+ x_1s +x_2s^2+y_3s^3+y_4s^4+x_5s^5+x_6s^6+\ldots\ldots ,$$

$$K_4(s)= y_0+ y_1s +x_2s^2+x_3s^3+y_4s^4+y_5s^5+x_6s^6+ \qquad \ldots(4.1.3)$$

Os vértices do polinómio de Kharitonov são os indicados na fig. 2.

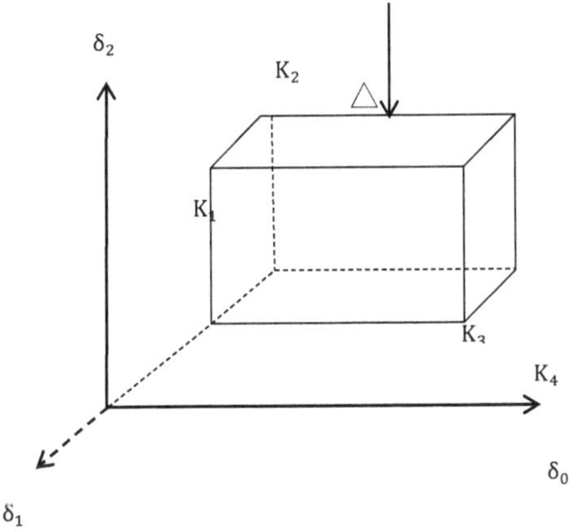

Fig 4.1- Quatro vértices de Kharitonov

4.2 CONTROLADOR P.I.D.

Esta introdução mostrará as características de cada um dos controlos proporcionais (P), o integral (I), e o derivado (D), e como utilizá-los para obter uma resposta desejada. A lógica de controlo PID é amplamente utilizada na indústria de controlo de processos. Os controladores PID têm sido tradicionalmente escolhidos por engenheiros de sistemas de controlo devido à sua flexibilidade e fiabilidade. Um controlador PID tem termos proporcionais, integrais e derivados que podem ser representados na forma de função de transferência como

$$G(s) = K_p + K_i/s + K_d.s \quad \ldots\ldots(4.2.1)$$

Onde K_p representa o ganho proporcional, K_i representa o ganho integral, e K_d representa o ganho derivado, respectivamente. Ao afinar estes ganhos do controlador PID, o controlador pode fornecer acção de controlo para requisitos de concepção específicos. O termo proporcional conduz a uma mudança na saída que é proporcional ao erro actual. Este termo proporcional diz respeito ao estado actual do sistema. O termo integral K_i é proporcional tanto à magnitude do erro como à duração do erro. Ele (quando adicionado ao termo proporcional) acelera o movimento do processo em direcção ao ponto definido e elimina frequentemente o erro residual de estado estacionário que pode ocorrer com um controlador apenas proporcional. A taxa de variação do erro do processo é calculada determinando a inclinação diferencial do erro ao longo do tempo (ou seja, a sua primeira derivada em relação ao tempo). Esta taxa de variação do erro é multiplicada pelo ganho da derivada K_d .

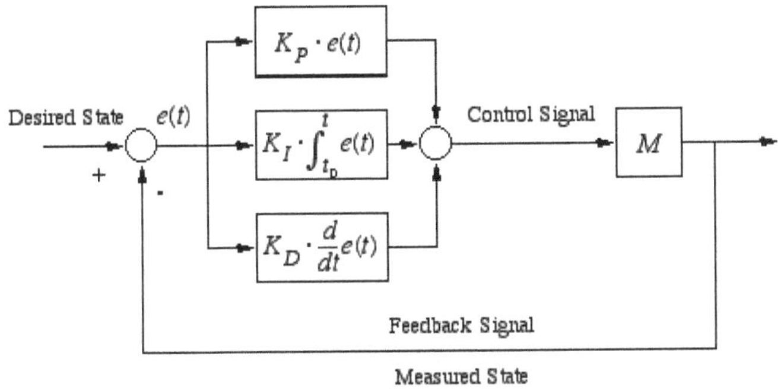

Fig. 4.2 Estrutura básica de controlo do PID

A saída u (t) do controlador PID convencional é dada como em eqn. (4.2.2).

$$u(t) = K_p e(t) + K_i \int e(t).dt + K_d \frac{de(t)}{dt} \qquad ....(4.2.2)$$

- O termo proporcional proporciona uma acção de controlo global proporcional ao sinal de erro através do factor de ganho de todos os passos.

- O termo integral reduz os erros de estado estável através da compensação de baixa frequência por um integrador.

- O termo derivado melhora a resposta transitória através da compensação de alta frequência por um diferenciador.

4.3TWO DOF CONTROLADOR DE PID PARA SISTEMA MIMO

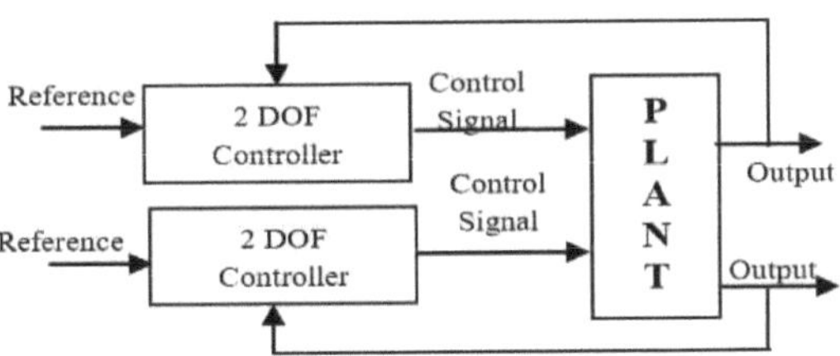

Fig. 4.3 - Controlo de dois graus de liberdade do TRMS

O controlador de dois graus de liberdade é concebido como mostra a fig.4. Aqui um duplo grau de liberdade (DOF) baseado no controlador PID com coeficiente de filtro derivado. As gamas de parâmetros do controlador PID foram tomadas com base no teorema de Kharitonov.

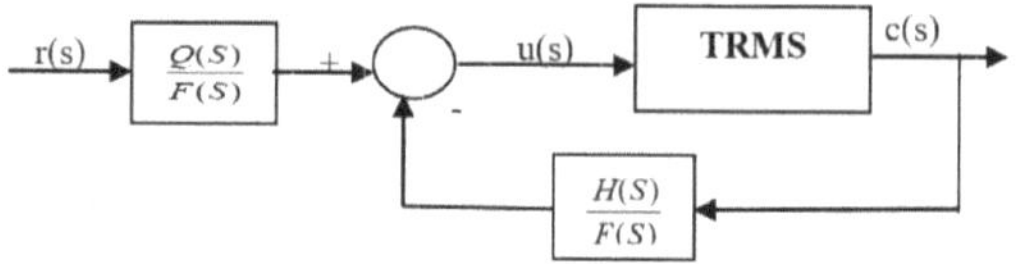

Fig. 4.4 - Estrutura do controlo de dois graus de liberdade

A estrutura do controlador de dois graus de liberdade é mostrada na fig. 5.Aqui, H(S)/F(S) actua como controlador de feedback e Q(S)/F(S) actua como controlador de avanço, como mostrado na fig.2. H(S)/F(S) é a função de transferência do controlador PID com coeficiente de filtragem, tal como está escrito.

$$\frac{H(S)}{F(S)} = \frac{K_p S + K_i + K_d S^2}{S(S + N)} \qquad \text{.......} (4.3.1)$$

Onde, K_p = Ganho proporcional, K_i =Ganho integral, K_d =Ganho derivativo & N = Coeficiente de filtragem. O valor de Q(S) do controlador de avanço de alimentação é cuidadosamente obtido com base no cancelamento do pólo de modo a que a resposta transitória do sistema se torne mais rápida. Aqui a função de transferência do TRMS para rotor principal e rotor de cauda $G_{11}(S) = \dfrac{B_1(S)}{A_1(S)}$ $G_{22}(S) = \dfrac{B_2(S)}{A_2(S)}$ é escrita como acima. A equação das características de circuito fechado para as funções de transferência acima referidas pode ser escrita na forma abaixo.

$$\Delta_1(S) = S^5 + \delta_4 S^4 + \delta_3 S^3 + \delta_2 S^2 + \delta_1 S + \delta_0 \qquad \text{.....} (4.3.2)$$

Para o Q(S) aqui primeiro é obtido α o valor de ganho constante $\alpha = \dfrac{\delta_0}{p_1 p_2 B_{1(0)}}$

.... (4.3.3)

Aqui p_1 & p_2 está a posição dos dois pólos da equação de características. Agora o Q(S) pode ser escrito como

$$Q(S) = \alpha \ (S + p_1)(S + p_2) \qquad\qquad \ldots\ldots(4.3.4)$$

CAPÍTULO 5

SISTEMA COMPLEXO DE MIMO

5.1 SISTEMA MIMO DE ROTOR DUPLO:

Fig.5.1 mostra o diagrama aerodinâmico do TRMS. Os dois motores D.C. ligados para accionar as hélices que são colocadas em ambas as extremidades da viga.

As equações governantes do modelo não-linear foram derivadas de acordo com [14,15].

A equação do momento principal do rotor é obtida como se segue.

$$I_1\ddot{\psi} = M_1 - M_{FG} - M_{B\psi} - M_G \quad \ldots\ldots\ldots\ldots (5.1.1)$$

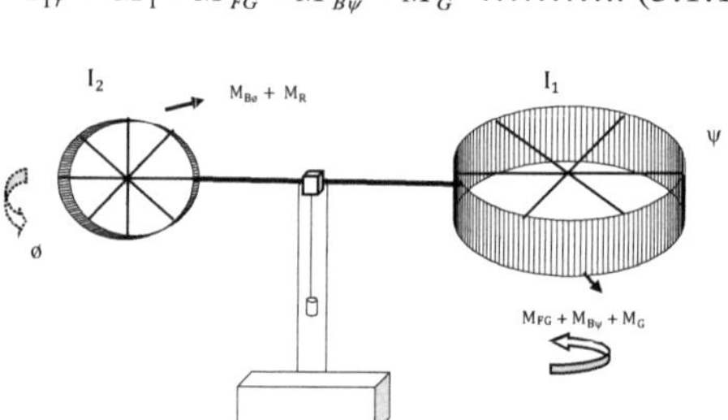

Fig. 5.1- Modelo Fenomenológico TRMS

Onde, M_1 é a não linearidade ocorrida devido à acção do rotor principal e é denominada como polinómio de segunda ordem.

$$M_1 = a_1.\tau_1^2 + b_1.\tau_1 \quad \ldots\ldots\ldots (5.1.2)$$

Na figura 5.1, o torque gravitacional no ponto pivot devido ao peso do helicóptero está escrito como abaixo.

$$M_{FG} = M_g.\sin\psi \quad \ldots.(5.1.3)$$

O torque friccional pode ser calculado pela seguinte equação.

$$M_{B\psi} = B_{1\psi}.\dot{\psi} + B_{2\psi}.sign(\dot{\psi}) \quad \ldots(5.1.4)$$

O torque giroscópico ocorre devido à força dos carioles. Produz-se devido ao movimento do rotor principal no sentido horizontal. Pode ser calculado pela equação dada abaixo

$$M_G = K_{gy}.M_1.\dot{\phi}.\cos\psi \quad \ldots\ldots (5.1.5)$$

Aqui, o impulso motor é obtido através da seguinte equação.

$$\tau_1 = \frac{K_1}{T_{11}s + T_{10}}.u_1 \quad \ldots\ldots (5.1.6)$$

Para os movimentos horizontais, os binários líquidos obtidos pela seguinte equação.

$$I_2.\ddot{\phi} = M_2 - M_{B\phi} - M_R \quad \ldots.. (5.1.7)$$

Onde, M_2 é uma característica estática não linear.

$$M_2 = a_2.\tau_2^2 + b_2.\tau_2 \quad \ldots... (5.1.8)$$

O torque de fricção para o rotor de cauda é obtido pela equação dada abaixo.

$$M_{B\phi} = B_{1\phi}.\psi + B_{2\phi}.sign(\phi) \quad \ldots\ldots(5.1.9)$$

M_R é o impulso de reacção cruzada escrito como abaixo.

$$M_R = \frac{K_c.(T_{0s} + 1)}{(T_{ps} + 1)}.\tau_1 \quad \ldots\ldots (5.1.10)$$

Mais uma vez, a função de transferência do motor de corrente contínua com circuito eléctrico é obtida através da seguinte equação.

$$\tau_2 = \frac{K_2}{T_{21}s + T_{20}}.u_2 \quad \ldots\ldots (5.1.11)$$

O sistema linearizado de plantas TRMS está representado como abaixo [15]. O estado e o vector de saída e o vector de entrada aqui é dado por

$$X = \left[\psi, \dot{\psi}, \phi, \dot{\phi}, \tau_1, \tau_2\right]^T, Y = \left[\psi, \phi\right]^T , U = \left[u_1, u_2\right]^T$$

Aqui a fábrica TRMS está representada como abaixo.

$$\dot{X} = AX + BU , Y = CX \quad \ldots.. (5.1.12)$$

$$A = \begin{bmatrix} 0 & 1 & 0 & 0 & 0 & 0 \\ \dfrac{-M_g}{I_1} & \dfrac{-B_1}{I_1} & 0 & 0 & \dfrac{b_1}{I_1} & 0 \\ 0 & 0 & 0 & 1 & 0 & 0 \\ 0 & 0 & 0 & \dfrac{-B_2}{I_2} & \dfrac{-1.75K_c b_1}{I_2} & \dfrac{b_2}{I_2} \\ 0 & 0 & 0 & 0 & \dfrac{-T_{11}}{-T_{10}} & 0 \\ 0 & 0 & 0 & 0 & 0 & \dfrac{-T_{20}}{-T_{21}} \end{bmatrix}$$

$$B = \begin{bmatrix} 0 & 0 & 0 & 0 & K_1/T_{11} & 0 \\ 0 & 0 & 0 & 0 & 0 & K_2/T_{21} \end{bmatrix}^T,$$

$$C = \begin{bmatrix} 1 & 0 & 0 & 0 & 0 & 0 \\ 0 & 0 & 1 & 0 & 0 & 0 \end{bmatrix}$$

Onde A é a matriz do sistema, B é a matriz de entrada, C é a matriz de saída. A função de transferência do TRMS pode ser descrita como segue Fig.3.

$$G(S) = \begin{bmatrix} G_{11}(s) & G_{12}(s) \\ G_{21}(s) & G_{22}(s) \end{bmatrix} \quad \ldots\ldots\ldots\ldots (5.1.13)$$

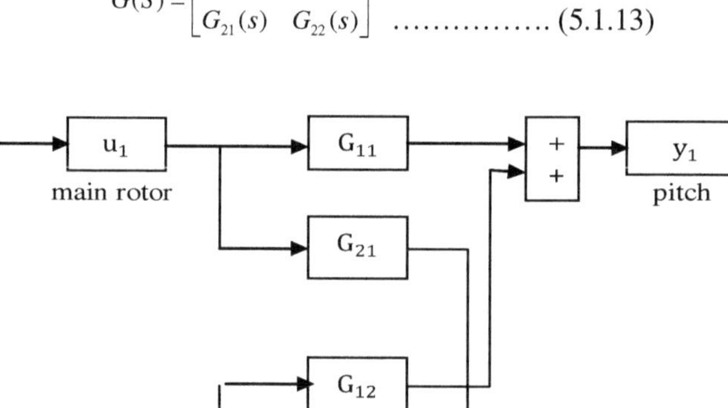

Fig. 5.2 - Modelo da função de transferência para TRMS

Aqui é observada uma forte interacção entre $u_1 - y_1, u_1 - y_2$ u2 e y1. G_{11}, G_{22} é função de transferência do rotor principal e do rotor de cauda, respectivamente.

Os valores dos parâmetros são considerados a partir da folha de dados das experiências de controlo do sistema de duplo rotor MIMO 33-949S manual do utilizador, Feedback instruments Ltd., East Sussex, U.K. representado na tabela 1.

QUADRO 1: PARÂMETROS DO MODELO TRMS

Símbolo	*Parâmetro*	*Valor*
I_1	momento de inércia do rotor vertical	$6.8.10^{-2}\text{kg}.m^2$
I_2	momento de inércia do rotor horizontal	$2.10^{-2}\ \text{kg}.m^2$
a_1	parâmetro característico estático	0.0135
a_2	parâmetro característico estático	0.0924
b_1	parâmetro característico estático	0.02
b_2	parâmetro característico estático	0.09
m_g	momentum de gravidade	0.32N.m
$B_{1\psi}$	Parâmetro da função dinâmica de fricção	$6.10^{-3}\text{N.m.s / rad}$
$B_{2\psi}$	Parâmetro da função dinâmica de fricção	$1.10^{-3}\text{N.m.s / rad}$
$B_{1\phi}$	Parâmetro da função dinâmica de fricção	$1.10^{-1}\text{N.m.s / rad}$
$B_{2\phi}$	Parâmetro da função dinâmica de fricção	$1.10^{-2}\text{N.m.s / rad}$
K_{gy}	Parâmetro de momento giroscópico	0.05s/rad
K_1	Motor 1 ganho	1.1
K_2	Motor 2 ganho	0.8
T_{11}	Parâmetro denominador do motor 1	1.1
T_{10}	Parâmetro denominador do motor 1	1
T_{21}	Parâmetro denominador do motor 2	1
T_{20}	Parâmetro denominador do motor 2	1
T_p	Parâmetro de dinâmica de reacção cruzada	2
T_o	Parâmetro de dinâmica de reacção cruzada	3.5
k_c	Ganho de dinâmica de reacção cruzada	-0.8

$$G(S) = \begin{bmatrix} \dfrac{1.359}{S^3 + 0.9973S^2 + 4.786S + 4.278} & 0 \\ \dfrac{1.617}{S^3 + 5.909S^2 + 4.545S} & \dfrac{3.6}{S^3 + 6S^2 + 5S} \end{bmatrix} \qquad \dots\dots (5.1.14)$$

5.2 CONCEPÇÃO DE CONTROLADOR DE PID ROBUSTO

A partir da Fig.5.3 mostra o esquema de controlo do PID para o TRMS. Dois controladores PID são obtidos separadamente para o rotor principal e o rotor de cauda, considerando as funções de transferência apresentadas na secção anterior.

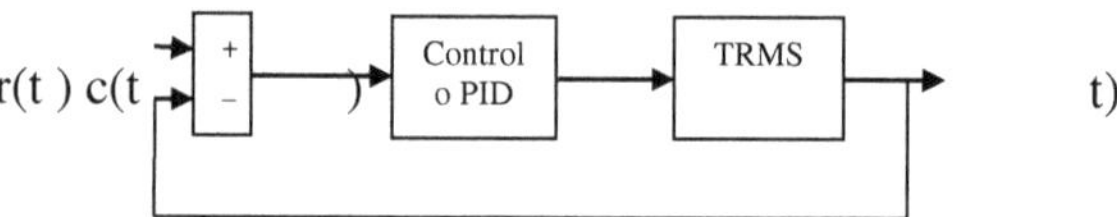

Fig.5.3- Esquema de controlo PID para TRMS

A equação do controlador PID pode ser escrita como

$$C(t) = K_p e(t) + K_i \int_0^t e(t)dt + K_d e(t) \quad\ldots\ldots(5.2.1)$$

Onde, e(t) = r(t) - α(t) , é o erro de localização da posição e K_p é o ganho proporcional, K_i é o ganho integral & é o K_d, K_p K_i & de modo K_d a que o erro de seguimento se reduza a zero com o tempo.

lim e(t) =0., t → ∞

No domínio s, a função de transferência do controlador PID pode ser representada como,

$$C(S) = K_p + {K_i}\big/{S} + K_d S \qquad\ldots\ldots (5.2.2)$$

Assim, a função de transferência resultante no domínio s pode ser representada como

$$G_c(S) = G(s).C(s\ ) \qquad\ldots\ldots(5.2.3)$$

Para S= $j\omega$, pode-se ter

$$G (\ j\omega)C\ (\ j\omega\ ) = \alpha e^{j\beta} \quad 5.2.4)$$

Onde $| G(\ j\omega).C\ (\ j\omega\ )| = \alpha$ e $\angle(\ j\omega\ ).C(\ j\omega)= \beta$

A equação acima pode ser representada como abaixo

$$1 + A e^{j\gamma}\ G(\ j\omega.\ C(\ j\omega) = 0 \ldots\ldots\ldots(5.2.5)$$

Onde $A = \dfrac{1}{|G(j\omega).C(j\omega)|}$, e $\gamma = 180 + \beta$

Aqui deve ser notado que A é a margem de ganho do subsistema quando γ é zero e γ é a margem de fase quando A=1. A equação das características do sistema compensado pode ser obtida por

$$P(s) = 1 + Ae^{j\gamma}\, G(\,j\omega\,.\,C(\,j\omega) \quad \ldots\ldots 5.2.6)$$

Agora a função de transferência resultante do rotor principal com controlador PID pode ser determinada como abaixo

$$G_{C11} = \left[\frac{k_p s + k_i + k_d s^2}{s}\right] * \left[\frac{1.359}{S^3 + 0.9973S^2 + 4.78S + 4.278}\right]$$

$$= \left[\frac{1.359S^2 k_d + 1.359S k_p + 1.359 k_i}{S^4 + 0.9973S^3 + 4.786S^2 + 4.278S}\right] 2.7)$$

Ao utilizar a função de transferência resultante do rotor principal com controlador, obtém-se a seguinte equação característica.

$$S^4 + 0.9973S^3 + 4.786S^2 + 4.278S + [1.359S^2 K_d + 1.359 K_i + 1.359 S K_p]0 \ldots\ldots(5.2.8\gamma\,\gamma$$

O objectivo é encontrar o conjunto de valores possíveis de , $K_p\,K_i\,\&$ de modo K_d a que o sistema se torne estável. Agora, ao colocar $S = j\omega$ a equação acima pode ser expressa como partes reais e imaginárias.

$$\omega^4 - 4.786\omega^2 - 1.359\omega^2 K_d A Cos\gamma + 1.359 K_i A Cos\gamma + 1.359 K_p \omega A Sin\gamma = 0 \ldots.. (5.2$$

$$.9)$$

$$-0.9973\omega^3 + 1.359\omega^2 K_d A Sin\gamma + 1.359 K_p A Cos\gamma + 4.278\omega = 0 \ldots.. (5.2.10)$$

Uma vez que o número de parâmetros do controlador é superior ao número de equações, é necessário atribuir um parâmetro e outros dois podem ser obtidos resolvendo a equação (5.2.9) & (5.2.10) com a condição de estabilidade marginal. Aqui o valor de K_i é primeiro assumido e os valores do parâmetro restante K_p & são K_d encontrados resolvendo (5.2.9) e (5.2.10). Os intervalos do parâmetro do controlador são obtidos como se mostra na Fig. 5.4.

$K_p = [0.1\ 0.15], K_i = [1 \quad 1.6],\ K_d = [0.2\ 0.6].$

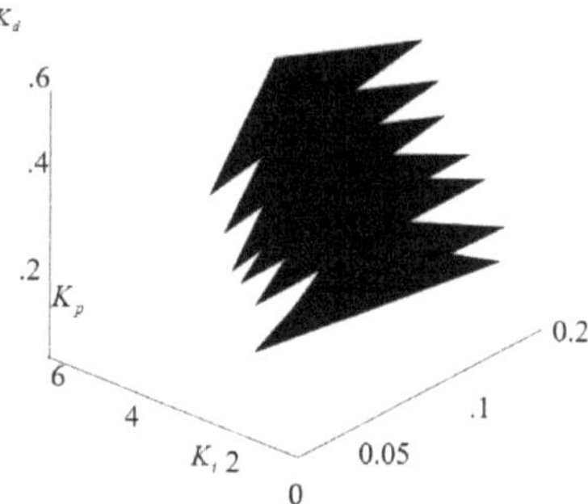

Fig.5.4 - Intervalos de ,K_d K_p K_i & ganhos para rotor principal

Da mesma forma, a função de transferência resultante do rotor de cauda com controlador PID pode ser determinada como abaixo

$$G_{C22} = \left[\frac{k_p s + k_i + k_d s^2}{s}\right] * \left[\frac{3.6}{S^3 + 6S^2 + 5S}\right] = \left[\frac{3.6S^2 k_d + 3.6Sk_p + 3.6k_i}{S^4 + 6S^3 + 5S^2}\right] \quad ...(5.2.11)$$

Da mesma forma, pela função de transferência resultante do rotor de cauda com controlador está a ser obtida a seguinte equação característica.

$$S^4 + 6S^3 + 5S^2 + [3.6S^2 K_d + 3.6K_i + 3.6SK_p][A\cos\gamma - jA\sin\gamma] = 0 \quad .... (5.2.12)$$

Aqui o objectivo é encontrar o conjunto de valores possíveis de , K_p K_i & de K_d modo a que o sistema se torne estável. Agora, ao colocar S= $j\omega$ a equação acima pode ser expressa como partes reais e imaginárias.

$$\omega^4 - 5\omega^2 - 3.6\omega^2 K_d A\cos\gamma + 3.6K_i A\cos\gamma + 3.6K_p \omega A\sin\gamma = 0 \quad ..... (5.2.13)$$

$$-6\omega^3 + 3.6\omega^2 K_d A\sin\gamma + 3.6K_p A\cos\gamma - 3.6K_i A\sin\gamma = 0 \quad .... (5.2.14)$$

Seguindo o procedimento de concepção do controlador utilizado no caso do rotor principal, aqui também se assume primeiro o valor de K_i e o valor dos restantes parâmetros K_p & são K_d encontrados resolvendo equação (5.2.13) & (5.2.14) satisfazendo o critério de estabilidade marginal. Os intervalos do ganho dos parâmetros do controlador são obtidos como se mostra na Fig. 10.

K_p = [1.6 3], K_i = [0.5 1], K_d = [0.7 1.7].

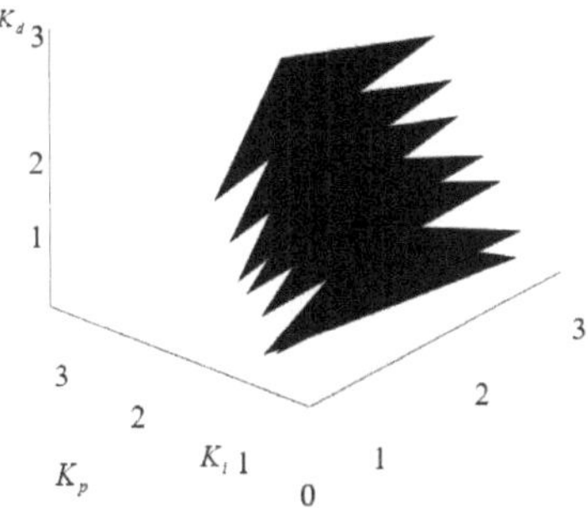

Fig.5.5 - Intervalos de , K_d K_p K_i & ganhos para rotor de cauda

O valor de K_p K_i K_d & obtido para o rotor principal é 0,1, 1,6, 0,6, respectivamente. Agora a função de transferência compensada do rotor principal pode ser escrita como

$$G_{C11} = \left[\frac{0.8154S^2 + 0.1359S + 2.1744}{S^4 + 0.9973S^3 + 4.786S^2 + 4.278S} \right] \qquad \ldots\ldots(5.2.15)$$

A equação característica está escrita como se segue

$$S^4 + 0.9973S^3 + 5.60S^2 + 4.41S + 2.17 = 0 \ \ldots. (5.2.16)$$

A estabilidade do rotor principal é confirmada pela utilização do critério de Routh Hurwitz. O valor de , K_p K_i & K_d obtido para o rotor de cauda é 3, 0,65, 1,7 respectivamente. Agora a função de transferência compensada do rotor de cauda pode ser escrita como

$$G_{C22} = \left[\frac{6.12S^2 + 10.8S + 2.34}{S^4 + 6S^3 + 5S^2} \right] \qquad \ldots\ldots(5.2.17)$$

A equação característica pode ser escrita da seguinte forma

$$S^4 + 6S^3 + 11.12S^2 + 10.8S + 2.34 = 0 \ \ldots. (5.2.18)$$

Mais uma vez, a estabilidade do sistema de rotor de cauda é verificada utilizando o critério de RouthHurwitz.

O desempenho do sistema compensado com os controladores PID concebidos é investigado através de resultados experimentais com a configuração do protótipo no laboratório e a análise seguinte foi feita a partir dos resultados obtidos.

A. Análise do domínio do tempo:

O valor de referência para a entrada de passos é aqui tomado como 0,5 rad para plano horizontal e 0,4 rad para plano vertical, respectivamente. A especificação do domínio do tempo, tal como o tempo de subida, o tempo de atraso e a ultrapassagem máxima, foi observada a partir dos resultados experimentais. A resposta por passos e o sinal de controlo do rotor principal e do rotor de cauda são mostrados nas Figuras 5.6 (a) & (b) e Fig.5.7 (a) & (b), respectivamente.

B. Análise da robustez:

A robustez do sistema compensado com os controladores PID foi investigada em relação às variações dos ganhos multiplicativos que estão associados aos sinais de controlo aplicados à instalação pelos dois controladores PID concebidos na Secção IV. Para o rotor principal, o valor máximo do ganho para o qual o sistema se mantém estável é de 1,5 e o valor mínimo é de 0,5. A resposta por passos e o sinal de controlo para os ganhos máximos e mínimos são mostrados na Fig. 5.8 (a) e 5.8 (b), & 5.9 (a) e 5.9 (b), respectivamente. Da mesma forma, para o rotor de cauda o valor máximo do ganho é 1,4 e o valor mínimo é 0,4. A resposta por passos e o sinal de controlo para os ganhos máximos e mínimos são mostrados nas Figuras 5.10 (a) e 5.10 (b), & 5.11 (a) e 5.11 (b), respectivamente.

É de notar que em ambos os casos (rotor principal e rotor de cauda) as respostas dinâmicas são consideradas satisfatórias mesmo aplicando ganhos multiplicativos com sinais de controlo e, portanto, a robustez do controlador é verificada.

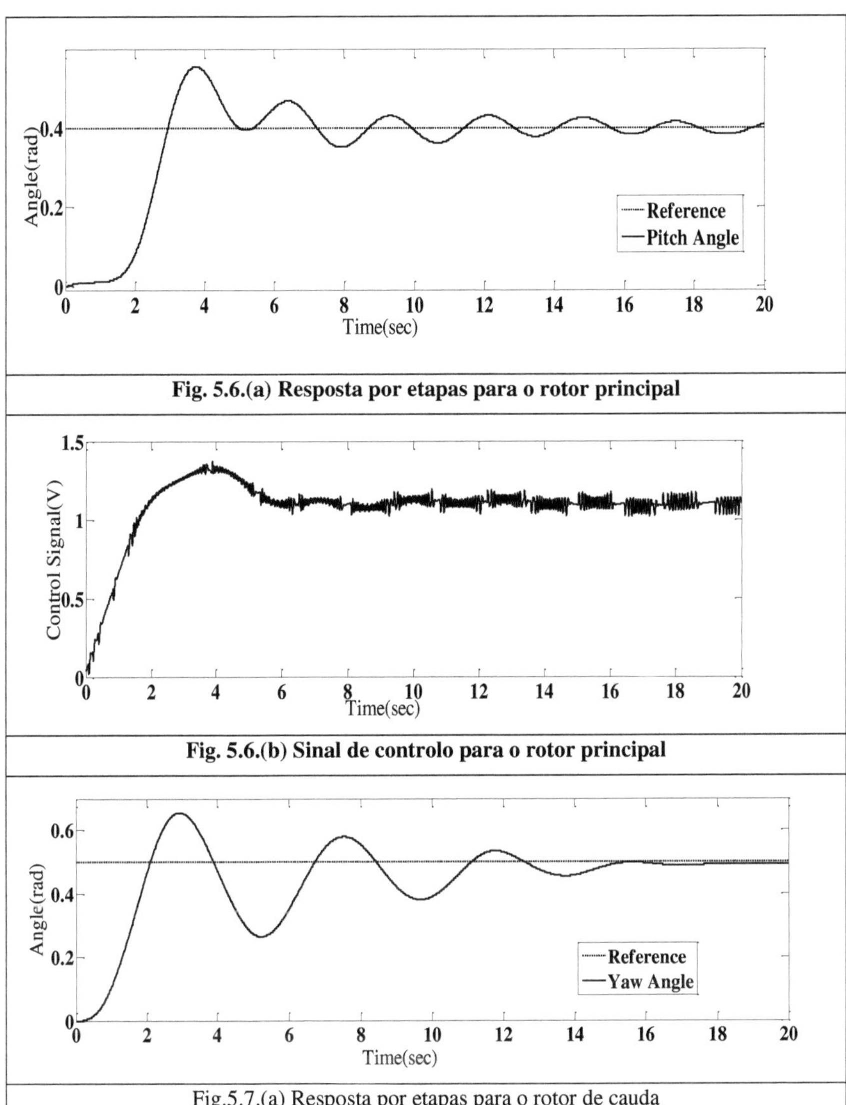

Fig. 5.6.(a) Resposta por etapas para o rotor principal

Fig. 5.6.(b) Sinal de controlo para o rotor principal

Fig.5.7.(a) Resposta por etapas para o rotor de cauda

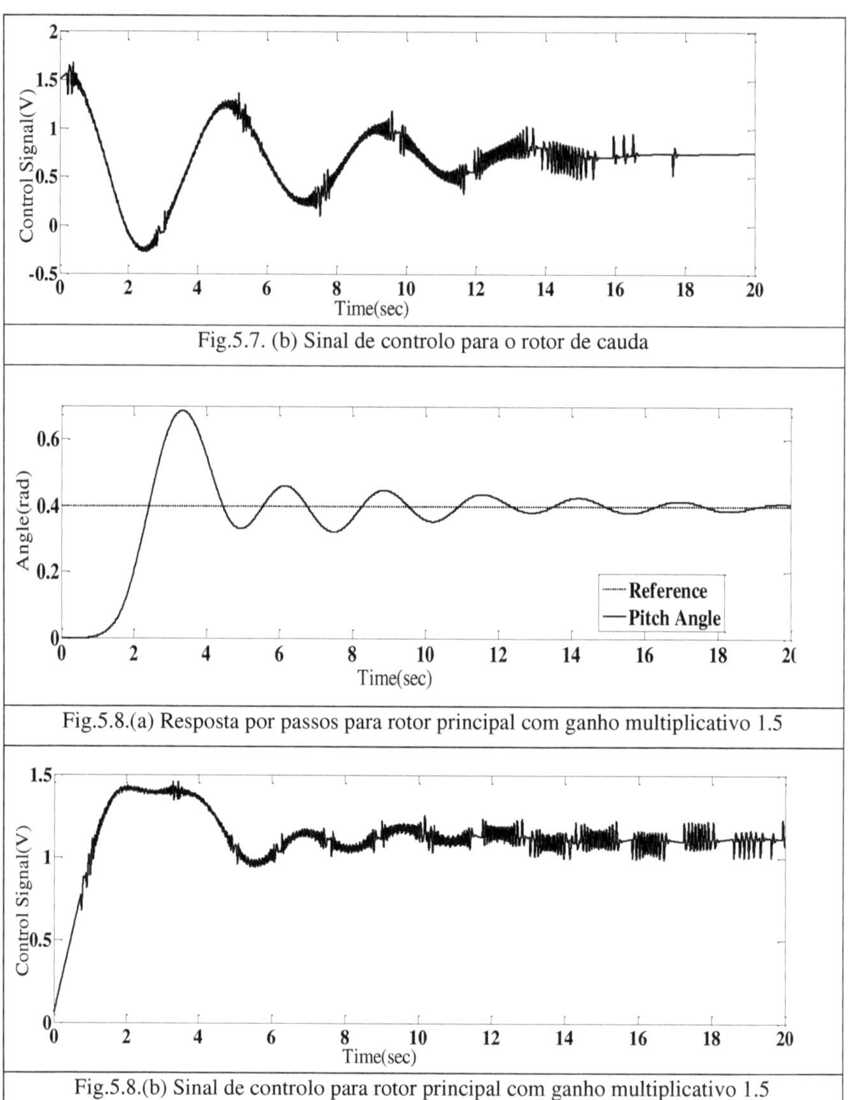

Fig.5.7. (b) Sinal de controlo para o rotor de cauda

Fig.5.8.(a) Resposta por passos para rotor principal com ganho multiplicativo 1.5

Fig.5.8.(b) Sinal de controlo para rotor principal com ganho multiplicativo 1.5

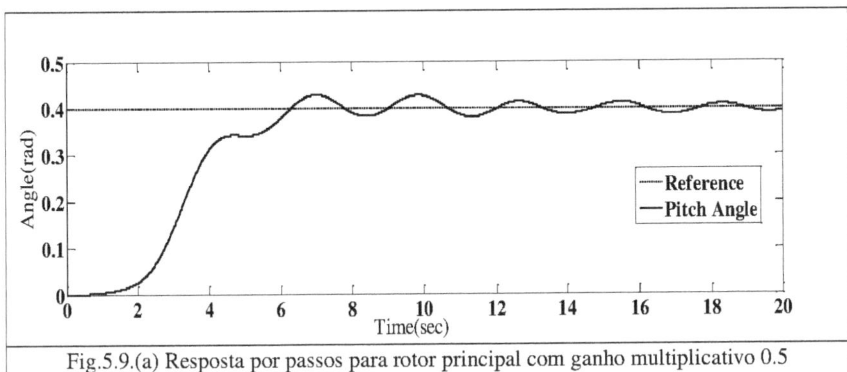

Fig.5.9.(a) Resposta por passos para rotor principal com ganho multiplicativo 0.5

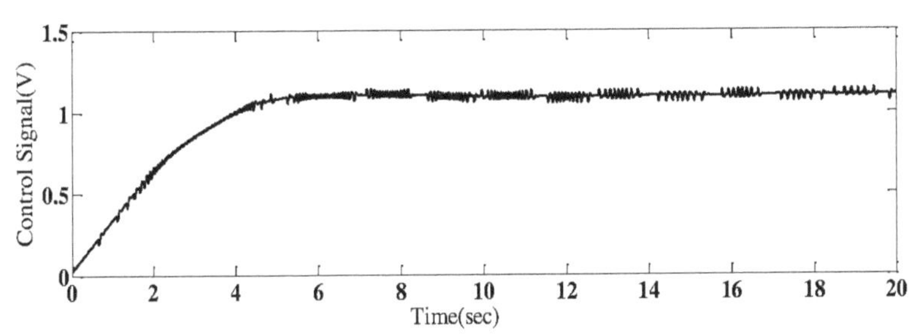

Fig.5.9.(b) Sinal de controlo para rotor principal com ganho multiplicativo 0.5

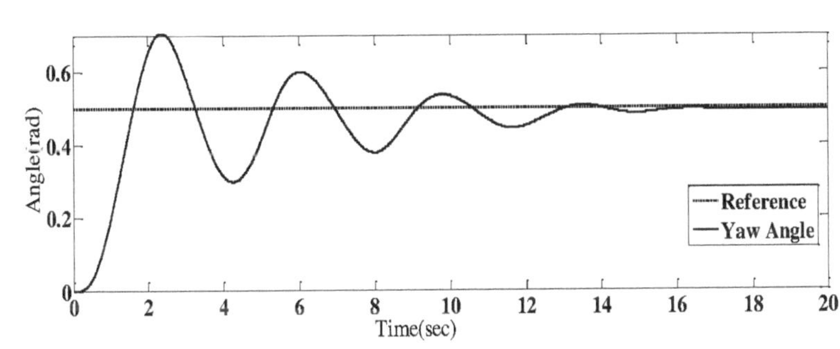

Fig.5.10.(a) Resposta por etapas para o rotor de cauda com ganho multiplicativo 1.4

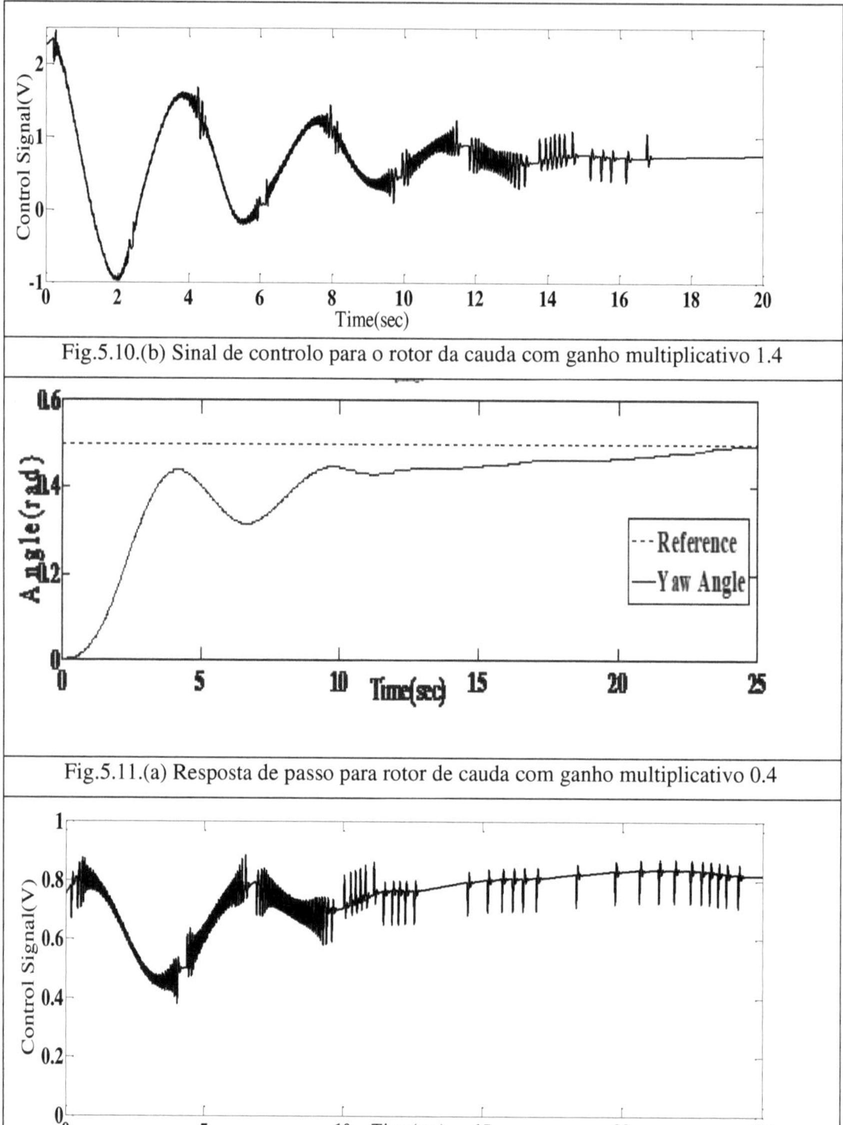

Fig.5.10.(b) Sinal de controlo para o rotor da cauda com ganho multiplicativo 1.4

Fig.5.11.(a) Resposta de passo para rotor de cauda com ganho multiplicativo 0.4

Fig.5.11.(b) Sinal de controlo para rotor de cauda com ganho multiplicativo 0.4

5.3 CONCEPÇÃO DE DOIS DOF CONTROLADORES:

A concepção de duas estruturas de controlo DOF é baseada no controlador PID com estrutura de filtro derivada. Para descobrir as gamas específicas de parâmetros dos controladores PID, todo o processo é elaborado primeiro com a função de transferência do rotor principal do TRMS, como indicado abaixo.

$$G_{11}(S) = \frac{1.246}{S^3 + 0.9215S^2 + 4.77S + 3.918} \quad (5.3.1)$$

A equação característica de circuito fechado correspondente pode ser determinada da seguinte forma, considerando o coeficiente de filtragem como 2,9.

$$S^5 + 3.82S^4 + 7.44S^3 + S^2[17.75 + 1.246K_d] + S[11.36 + 1.246K_p] + 1.246K_i = 0 \dots)$$

Para encomendar a find a gama de robustez do controlador PID projectado, o polinómio característico do sistema está a ser representado por um intervalo de $[K_p^{\min} \ K_p^{\max}]$, , $[K_i^{\min} \ K_i^{\max}]$ para $[K_d^{\min} \ K_d^{\max}]$ K_p , K_d K_i & , respectivamente, no polinómio característico. Em seguida, os quatro polinómios de intervalo associados à característica de Kharitonov são obtidos como se segue.

$$K_1(S) = S^5 + 3.82S^4 + 7.44S^3 + S^2[17.75 + 1.246K_d^+] + S[11.36 + 1.246K_p^-] + 1.246K_i^-$$

$$K_2(S) = S^5 + 3.82S^4 + 7.44S^3 + S^2[17.75 + 1.246K_d^+] + S[11.36 + 1.246K_p^+] + 1.246K_i^-$$

$$K_3(S) = S^5 + 3.82S^4 + 7.44S^3 + S^2[17.75 + 1.246K_d^-] + S[11.36 + 1.246K_p^-] + 1.246K_i^+$$

$$K_4(S) = S^5 + 3.82S^4 + 7.44S^3 + S^2[17.75 + 1.246K_d^-] + S[11.36 + 1.246K_p^+] + 1.246K_i^+ \dots (5.3.3)$$

Agora empregando o critério de Routh Hurwitz, as condições para a estabilidade do polinómio característico com os polinómios de Kharitonov são dadas como abaixo. Já está definido que se estes quatro polinómios de intervalo forem estáveis, então todo o polinómio característico é robustamente estável.

Para $K_1(S)$,

$1.246K_i^- > 0$, $[11.36 + 1.246]>0 K_p^-$, $[17.75 + 1.246]>0$

$[28.42 - 17.75 - 1.246K_d^+]>0$, $[3.82(11.36 + 1.246) - 1 K_p^-.246]>0 K_i^-$

   ..... (5.3.4)

Para $K_2(S)$,

$1.246 K_i^- > 0$, $[11.36+1.246] > 0 K_p^+$, $[17.75+1.246] > 0$

$[28.42-17.75-1.246 K_d^+] > 0$, $[3.82(11.36+1.246)-1 K_p^+ .246] > 0 K_i^-$

$$\ldots\ldots (5.3.5)$$

Para $K_3(s)$,

$1.246 K_i^+ > 0$, $[11.36+1.246] > 0 K_p^-$, $[17.75+1.246] > 0$

$[28.42-17.75-1.246 K_d^-] > 0$, $[3.82(11.36+1.246)-1 K_p^- .246] > 0 K_i^+$

$$\ldots\ldots (5.3.6)$$

Para $K_4(s)$,

$1.246 K_i^+ > 0$, $[11.36+1.246] > 0 K_p^+$, $[17.75+1.246] > 0$

$[28.42-17.75-1.246 K_d^-] > 0$, $[3.82(11.36+1.246)-1 K_p^+ .246] > 0 K_i^+$

$$\ldots\ldots (5.3.7)$$

Equações satisfatórias (5.3.4)-(5.3.7), a gama de parâmetros obtidos para o rotor principal é a seguinte

$$K_p = [0.1\ 0.5], K_i\ K_d .5\ 0.9]$$

Agora, ao fazer o processo semelhante ao discutido para o rotor principal, os intervalos de parâmetros do controlador PID obtidos para o rotor de cauda são os seguintes. Aqui o valor do coeficiente do filtro é tomado como 5 e a função de transferência do rotor de cauda.

$$G_{22}(s) = \frac{3.6}{S^3 + 6S^2 + 5S} \quad \ldots\ldots (5.3.8)$$

$$K_p = [2.5\ 10], K_i\ K_d .16\ 5.5]$$

O valor de K_p, K_i & K_d obtido para o rotor principal é 0,1, 1 & 0,8 respectivamente. Com este valor obtido do parâmetro controlador, a equação das características da função de transferência do rotor principal $G_{11}(s)$ com dois controladores DOF é escrita como abaixo.

$$s^5 + 3.8215s^4 + 7.44s^3 + 18.74s^2 + 11.48s + 1.246 = 0 \quad \ldots\ldots (5.3.9)$$

A localização dos postes para o rotor principal com dois controladores DOF é -3,0121, -0,0283 $\pm$ 2,2076i, -0,6147, -0,1381. O valor de α é determinado para os dois postes conjugados -0,0283 $\pm$ 2,2076i .

$$\alpha = \frac{1}{(-0.0283 + 2.2076i)(-0.0283 - 2.2076i)} = 0.2052 \quad \ldots\ldots\ldots (5.3.10)$$

Agora o valor de Q(s) é determinado para o valor acima de α é como abaixo

$$Q(s) = 0{,}2[(s - 0.0283 + 2.2076i)(s - 0.0283 - 2.2076i)]$$

$$= [0.2052\,s^2 - 0.011s + 1] \qquad \ldots\ldots(5.3.11)$$

Do mesmo modo, o valor de K_p, K_i & K_d obtido para o rotor de cauda é 8, 1 & 5,5 respectivamente. Com este valor obtido do parâmetro controlador, a equação das características da função de transferência do rotor de cauda $G_{22}(s)$ com dois controladores DOF é escrita como abaixo.

$$s^5 + 11s^4 + 35s^3 + 44.8s^2 + 28.8s + 3.6 = 0 \quad \ldots (5.3.12)$$

A localização dos pólos para o rotor de cauda com dois controladores DOF é -6,6581, -0,7943 $\pm$ 0,8191i, -2,5931, -0,1602. O valor de α é determinado para os dois pólos conjugados -0,7943 $\pm$ 0,8191i como abaixo.

$$\alpha = \frac{1}{(-0.7943 + 0.8191i)(-0.7943 - 0.8191i)} = 0.76 \qquad \ldots\ldots (5.3.13)$$

Agora o valor de Q(s) é determinado para o valor acima de α é como abaixo.

$$Q(s) = 0{,}76[(s - 0.7943 + 0.8191i)(s - .7943 - 0.8191i)]$$

$$= [0.76\,s^2 - 1.20s + 1] \qquad (5.3.14)$$

Para a robustez satisfatória do sistema, a função de sensibilidade deve satisfazer $\|s_\infty\| < 2$. Verifica-se que no método de concepção proposto o valor de sensibilidade é inferior a dois para ambos os rotores principais e de cauda, como mostrado na Fig. 5.12. No caso do $\|s_\infty\|$ valor do rotor principal é 1,86 enquanto que no caso do rotor de cauda é 1,39.

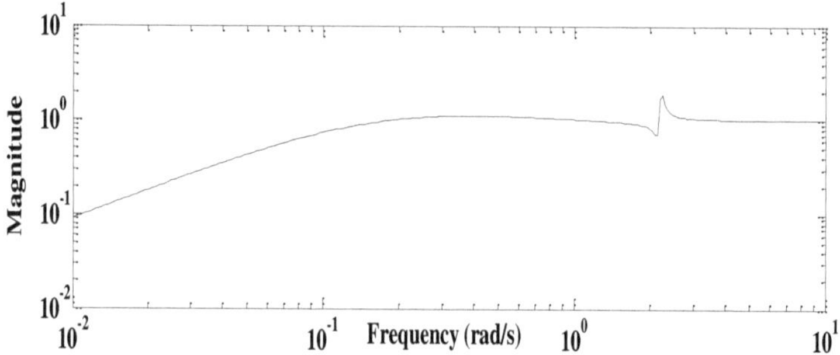

Fig. 5.12 (a) Gráfico de sensibilidade para rotor principal

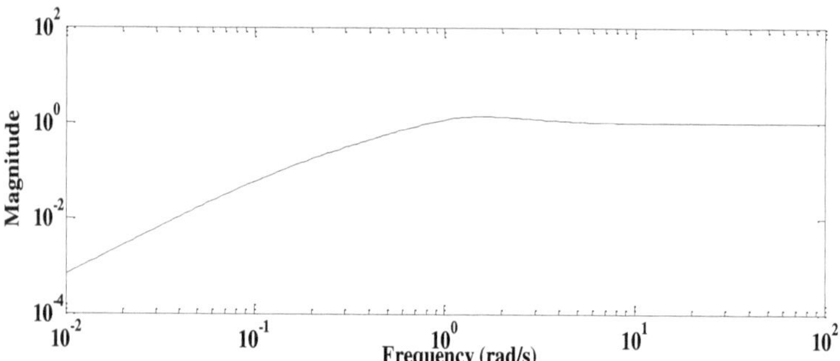

Fig. 5.12 (b) Gráfico de sensibilidade para rotor de cauda

Para a robustez satisfatória do sistema, a função de sensibilidade deve satisfazer $\|s_\infty\| < 2$. Para satisfazer este critério no método de concepção proposto, o valor de K_p, K_i & K_d escolhido para o rotor principal é 0,1, 1 & 0,8, respectivamente. Do mesmo modo, o valor de K_p , K_i & K_d escolhido para o rotor de cauda é 8, 1 & 5,5, respectivamente. Aqui verifica-se que o valor de sensibilidade é inferior a dois para ambos os rotores principais e de cauda, como mostrado na fig5.12.No caso do $\|s_\infty\|$ valor do rotor principal é 1,86 enquanto que no caso do rotor de cauda é 1,39.Com estes valores dos parâmetros do controlador do rotor principal, a equação das características da função de transferência do rotor principal $G_{11}(s)$ é dada por

$$s^5 + 3.8215s^4 + 7.44s^3 + 18.74s^2 + 11.48s + 1.246 = 0 \;....(5.3.15)$$

A localização dos postes para o rotor principal com dois controladores DOF é -3,0121, -0,0283 $\pm$ 2,2076i, -0,6147, -0,1381. O valor de α é determinado para os dois pólos conjugados -0,0283$\pm$ 2,2076i é como a seguir.

$$\alpha = \frac{1}{(-0.0283 + 2.2076i)(-0.0283 - 2.2076i)} = 0.2052 \qquad \ldots\ldots (5.3.16)$$

Agora o valor de Q(s) é determinado para o valor acima de α ,é dado por

$$Q(s) = 0,2[(s - 0.0283 + 2.2076i)(s - 0.0283 - 2.2076i)]$$
$$= [0.2052\,s^2 - 0.011s + 1] \quad (5.3\ldots\ldots)$$

Com os valores dos parâmetros do controlador do rotor de cauda, a equação das características da função de transferência do rotor de cauda $G_{22}(s)$ é escrita como abaixo.

$$s^5 + 11s^4 + 35s^3 + 44.8s^2 + 28.8s + 3.6 = 0 \qquad \ldots\ldots (5.3.18)$$

A localização dos pólos para o rotor de cauda com dois controladores DOF é -6,6581, -0,7943$\pm$ 0,8191i, -2,5931, -0,1602. O valor de α é determinado para os dois pólos conjugados -0,7943$\pm$ 0,8191i como a seguir descrito.

$$\alpha = \frac{1}{(-0.7943 + 0.8191i)(-0.7943 - 0.8191i)} = 0.76 \qquad \ldots\ldots (5.3.19)$$

Agora o valor de Q(s) é determinado para o valor acima de α como

$$Q(s) = 0,76[(s - 0.7943 + 0.8191i)(s - .7943 - 0.8191i)]$$
$$= [0.76\ s^2 - 1.20s + 1] \ldots (5.3.20)$$

O desempenho do controlador concebido acima é apresentado como se segue. A figura 5.13 (a) & (b) mostra a resposta por passos e o sinal de controlo para o rotor principal respectivamente em termos de simulação e tempo real.

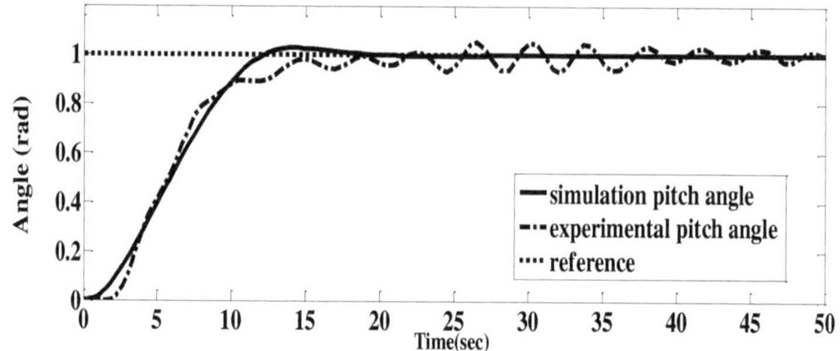

Fig. 5.13 (a). Resposta de Passo do Rotor Principal

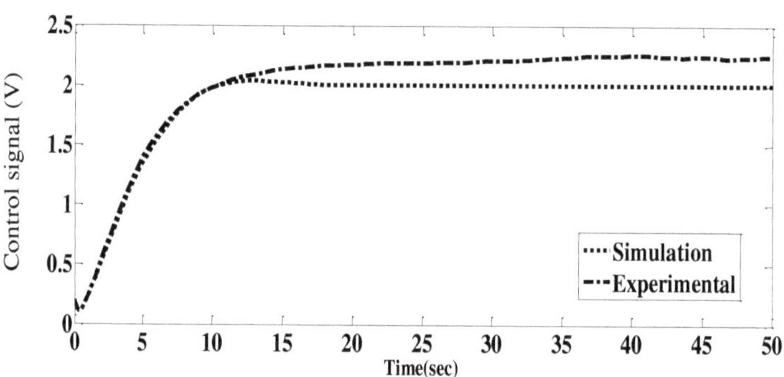

Fig. 5.13 (b) - Sinal de controlo para Rotor Principal

Do mesmo modo, as figuras 5.14 (a) & (b) mostram a resposta por passos e o sinal de controlo para o rotor de cauda, respectivamente, tanto em termos de simulação como experimentais.

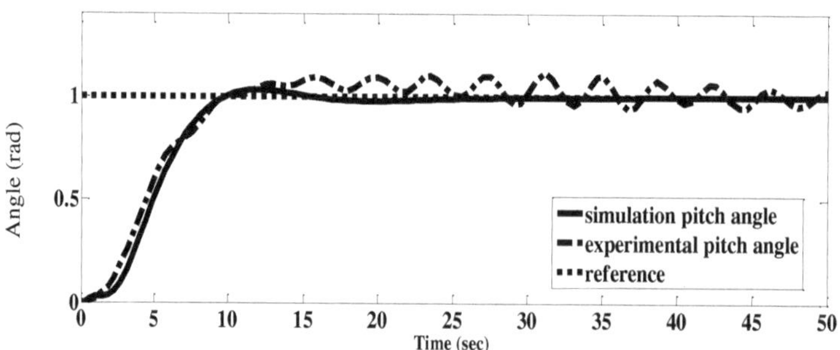

Fig. 5.14 (a) - Resposta por etapas do rotor de cauda

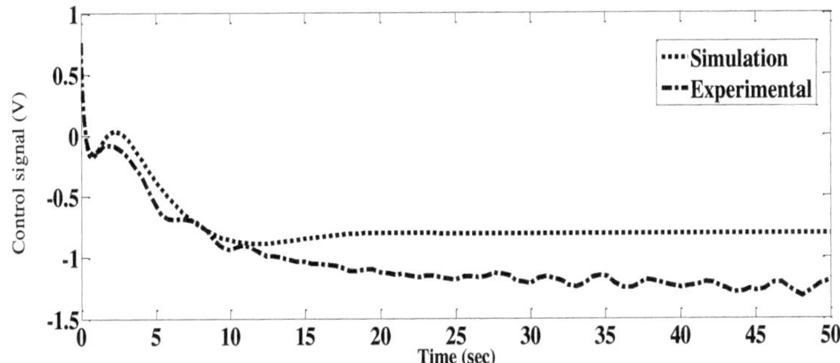

Fig. 5.14 (b) - Sinal de controlo para o rotor de cauda

(A) Variação dos parâmetros da planta

Mais uma vez, o efeito da variação dos parâmetros da planta é testado em simulação. As figuras 5.15 (a) e (b) mostram a resposta por passos e o sinal de controlo dos rotores principal e de cauda, respectivamente com 50% de incremento no momento de inércia para o qual o sistema mostra um desempenho satisfatório.

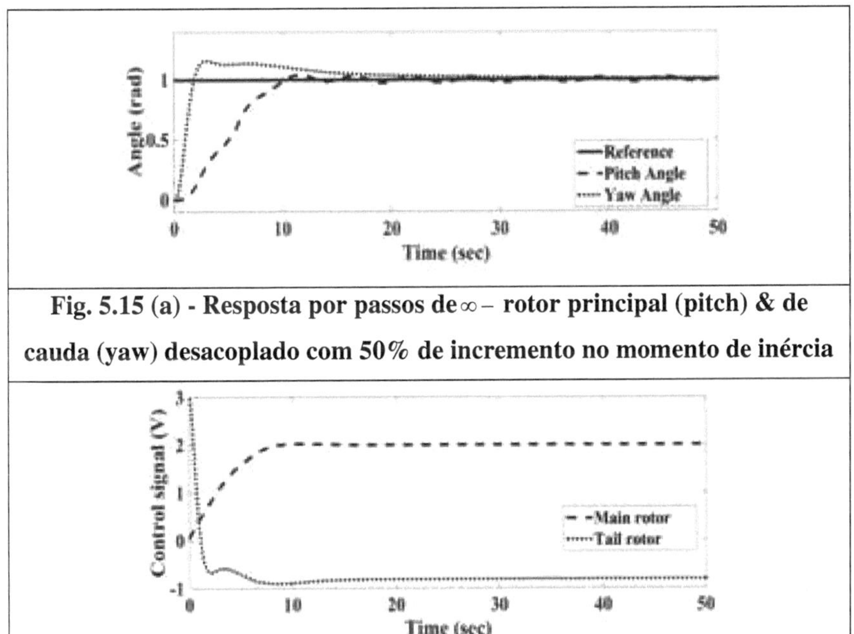

Fig. 5.15 (a) - Resposta por passos de ∞ – rotor principal (pitch) & de cauda (yaw) desacoplado com 50% de incremento no momento de inércia

(B) Margem de atraso de saída multicanal (MODM)

Observa-se que o TRMS permanece estável até um atraso de $\tau_1 = 0.2$ para rotor principal e $\tau_2 = 0.25$ para rotor de cauda em simulação, como mostra a Figura 5.16. O mesmo sistema físico permanece estável até um atraso de para o rotor principal $\tau_1 = 0.12$ e $\tau_2 = 0.2$ rotor de cauda em tempo real, como mostra a Figura 5.17. Assim, pode-se descobrir que o sistema compensado atinge, MODM=0,2 em simulação e 0,12 em tempo real.

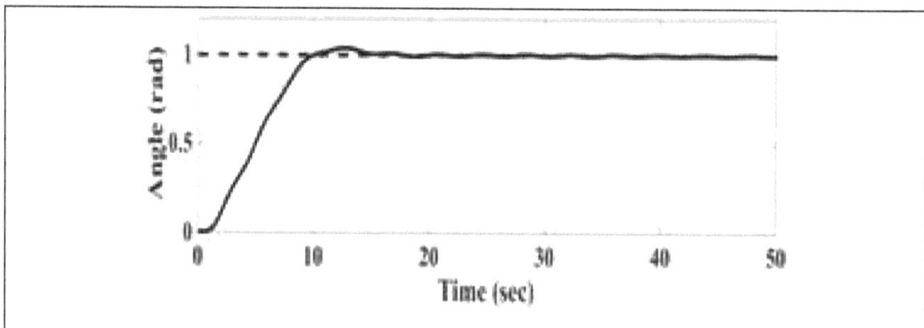

Fig. 5.16 (a) - Resposta por passos simulada de ∞ – rotor principal (pitch)
TRMS desacoplado com atraso 0.2

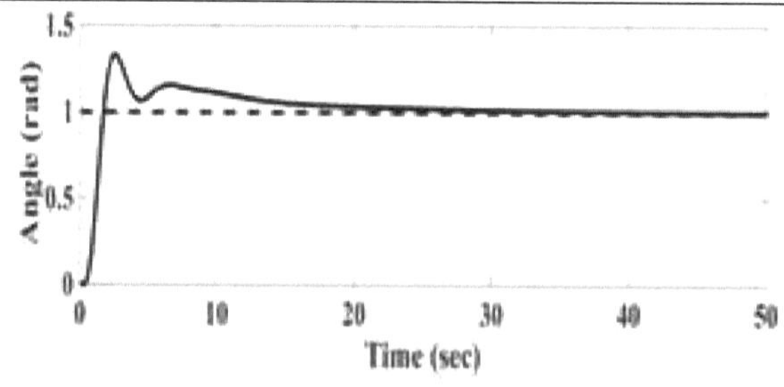

Fig. 5.16 (b) - Resposta por passos simulada de ∞ – rotor de cauda (yaw)
TRMS desacoplado com atraso 0,25

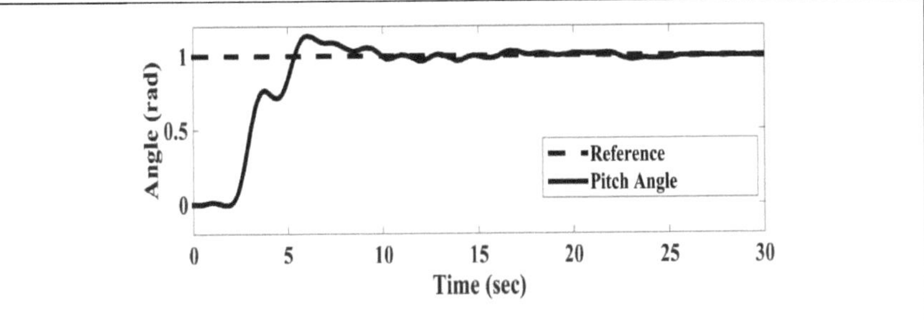

Fig. 5.17 (a) - Resposta experimental por fases do $\infty -$ rotor principal (pitch) TRMS desacoplado com atraso 0.12

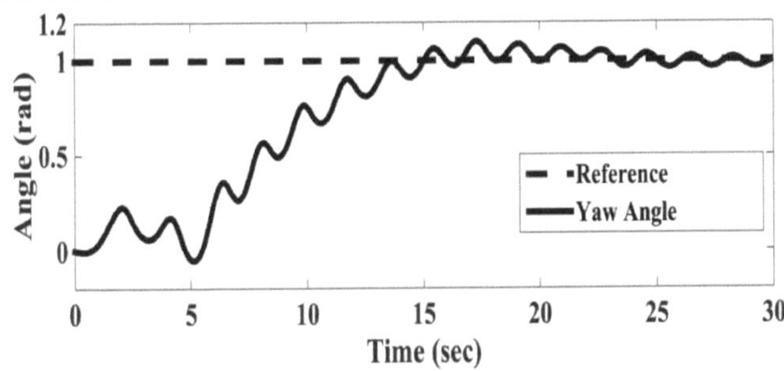

Fig. 5.17 (b) - Resposta experimental por fases de $\infty -$ TRMS de rotor de cauda (yaw) desacoplado com atraso 0.2

CAPÍTULO 6

DISCUSSÃO & TRABALHO FUTURO

Neste trabalho, o objectivo de conceber um controlador PID baseado no teorema de Kharitonov foi alcançado com sucesso. Primeiro, o modelo matemático do TRMS foi derivado após a obtenção desse modelo linearizado. Depois, o controlador PID foi concebido para rotor principal e de cauda e a precisão e estabilidade do método proposto é verificada por resultados experimentais em tempo real. A robustez do sistema também foi verificada através da variação do ganho multiplicativo do sistema e do atraso aplicado com o sinal de controlo. A sensibilidade do sistema compensado também é considerada satisfatória. Além disso, dois controladores DOF baseados em PID são concebidos individualmente para rotores principais e de cauda do TRMS, utilizando o critério de estabilidade robusta de Kharitonov. Os controladores concebidos são implementados com sucesso para a configuração experimental do TRMS. Os resultados obtidos mostram a característica de robustez que suprimiu com sucesso o efeito de acoplamento entre os rotores principal e de cauda.

TRABALHO FUTURO:

- A concepção do controlador descentralizado ou de desacoplamento do sistema MIMO.
- Concepção de "Robust Controller designing using μ-synthesis method for uncertain plants".
- Aplicação de controlo robusto no sistema Power.

REFERÊNCIAS

(1)   Chen P., Lu Z.Y., 'Automatic design of robust optimal controller for interval plants using genetic programming and Kharitonov theorem', International journal of computational intelligence systems,vol. 4:5,pp.826-836,2012

(2)   Xinghong QIAO., Fei.LUO, Yuge XU , 'Robust PID controller tuning for uncertain systems based on the constrained Kharitonov's theorem genetic algorithm' Journal of computational information system,vol.11:9,pp.3195-3202,2015

(3)   Hote Y.V., Gupta J.R.P., Chouduhry D.R.C. 'Kharitonov's Theorem and Routh Criterion for Stability Margin of Interval Systems'International Journal of Control, Automation and Systems, vol. 8(3),pp.647-654,2010

(4)   Salloum R., 'Robusto desenho de controlador PID para um verdadeiro actuador electromecânico',ActaPolytechnicaHungarica , Vol.11,No.5,2014

(5)   Gu D. 'Controlo Robusto de Planta Incerta Usando o Teorema de Kharitonov', actas da 31ª conferência sobre decisão e controlo,Tuscon,Arizona,1992

(6)   Shin C.E., Oh W.H., Yoo Y.J. 'A design method of PI controller for an induction motor with parameter variation'IECON,vol. 1,pp.408-413,2003

(7)   Hauksdottir S.A., Siguroardottir G. 'On the use of robust design method in vehicle control design', conferência americana de controlo, pp. 3113-3118,1991.

(8)   Moaveni B.,Khorshidi M., 'Robust speed controller design for induction motor based on IFOC and Kharitonov theorem', Turkish Journal of Electrical Engineering and computer Sciences, vol.23,pp. 1173-1186,2015.

(9)   Mondal S., Mahanta C. , "Adaptive secondd-order sliding mode controller for a twin rotor multi-input-multi-output system", IET Control Theory and Applications, Vol. 6, Iss. 14, pp. 2157 - 2167, 2012.

(10)   Roy T. ,Barai R. K. , "Control Oriented LFT Modeling of a Non Linear MIMO system", International Journal of Electrical, Electronics and Computer Engineering ,vol.-**1**(2) ,pp.15-21,2012

(11)   TRMS 33-949S Manual do Utilizador, Feedback instruments Ltd., East Sussex, U.K.

(12)   Ahmad, S.M., Chipperfield, A.J. e Tokhi, M.O. ' Modelação dinâmica e controlo quadrático linear Gaussiano de um sistema multi-inputador de rotor duplo multi-output,' *Proc. I Mech. E Part-I: J. Syst. Controlo Eng.* , Vol. 217 ,No. I3, pp. 203-227., (2003)

(13)   Lara, D., Romero, G., Sanchez, A., Lozano, R. e Guerrero, A. 'Robustness margin for a four rotor mini-rotorcraft: case of study', *International Journal of Mechatronics,* Vol. 20,pp.143-152., (2010)

(14)   Wen P., Lu W, T. "Decoupling control of twin rotor MIMO system using robust deadbeat control technique" IET Control Theory Appl., Vol. 2, No. 11, pp. 999-1007,2008.

(15)   Pradhan J.K., Ghosh A., "Design and implementation of decoupled Compensation for a twin rotor multiple-input and multiple-output system" IET Control Theory Appl., Vol. 7, Iss. 2, pp. 282-289, 2013.

(16)   Biswas P.,Maiti R.,KolayA.,Sharma K.D.,Sarkar G. "PSO Based PID Controller Design for Twin Rotor MIMO System" Conferência Internacional sobre controlo, Instrumentação,Energia&Comunicação,2014

(17)   Ahmad S.M.,Chipperfield A.J.,Tokhi M.O., "Dynamic modelling and optimal control of a twin rotor mimosystem",System Control Engineering,2002.

(18)   Pandey S.K. e Laxmi V., "Optimal Control of Twin Rotor MIMO System Using LQR Technique," in Computational Intelligence in Data Mining-Volume 1, ed: Springer, pp. 11-21,2015

(19)   Ulasyar A., Zad H.S., "Robust & Optimal Model Predictive Controller design for Twin Rotor MIMO System" 9th International Conference on Electrical and Electronics Engineering (ELECO),2015.

(20)   Pandey, S. K., Laxmi, V, ' controlo do sistema MIMO de rotor duplo utilizando controlador PID com coeficiente de filtragem derivado' , Proceedings of IEEE student's conference on Electrical ,Electronics & Computer science ,MANIT Bhopal, India,(2014)

(21)   Leena G., Ray G., "A Set of decentralized PID controllers for n-link robot manipulator" ,Sadhna,vol-37,part -3,pp.405-423,2012.

(22)   Salloum R., Moaveni B., "Robust PID controller design for a Real Electromechanical Actuator, ActaPolytechnicaHungarica" , vol-11,No.-5,pp.125-144,2014.

(23)   Qiao X.,Luo F.,Xu Y., "Robust PID Controller tuning for uncertain systems based on Constrained kharitonov theorem and Genetic algorithm", Journal of computational information systems ,vol 11,pp.-3195-3202,2015

(24)   Tao C.W., Taur J.S., "An approach for the robustness comparison between piecewise linear PID like fuzzy and classical PID controllers" Springer-Verlag 2004

(25)   Kharitonov V.L., 'Asymptotic stability of an equilibrium position of a family of systems of linear differential equations', Differential Equations,vol. 14,pp.1483-1485,1979

(26)   R. Rajabioun, e A. Mamizadeh, " Gershgorin Bands Minimization for Decoupling MIMO Systems and Decentralized PID Design using COA," 13th International Conference on Technical and Physical Problems of Electrical Engineering,Turquia,2017,v.1,n.41,pp.209-215.

(27)   J.G. Juang, e K Ti Tu, "Design and Realization of a Hybrid Intelligent Controller for a Twin Rotor MIMO System", Journal of Marine Science & Technology, 2013, v.21, n.3,pp. 333-34.

(28)   S.F. Wu, W. Wei, e M.J. Grimble, "Robust MIMO Control System Design using Eigen Structure Assignment and QFT", IEE Proc.-Control Theory Appl.,2004, v. 151, n. 2,pp.198-209.

(29)   K Zhou, J C Doyle e K Glover, Robusto e óptimo controlo, Prentice Hall, 1996.

(30)   S. B.Denis, e M.H. Wassim, "Robust Controller Synthesis using Kharitonov's Theorem", IEEE Transcation on Automatic Control, 1992, v. 37, n.1, pp.-129-132.

(31)   S.M. Ahmad, A. J. Chipperfield, e M.O. Tokhi, "Dynamic Modeling and Linear Quadratic Gaussian Control of a Twin-Rotor Multi-Input Multi-Output System," Proceedings of Institution of Mechanical Engineering Part - I: Journal of Systems and Control Engineering,2003, v. 217 ,n. I3, pp. 203-227.

(32)   E. Carrone,e A. Tsirou, "A PID Based MIMO Control System of the CMS Tracker Thermal screen", Proceeding of the 2004 American Control Conference Boston, Massachusetts,2004,v.5, pp.4040-4047.

(33)   S. Banka e P. Dworak, "On Decoupling of MIMO Systems with Guaranteed Stability", PAK,2007, v.53, n.6, pp.46-51.

(34)   M. Aminzadeh, A. Mahmoodi, e M.B Menhaj, "A Novel Decoupling Controller Design for Parallel Motion Platforms", IEEE International Conference on Control and Automation Xiamen, China, 2010 , pp. 2086-2091.

(35)   J.R. Leigh, Applied Control Theory, IET Control Series, 2008.

Printed by Books on Demand GmbH, Norderstedt / Germany